# Le JARDIN DES PLANTES

GIRAFE, ÉLÉPHANT, LÉOPARD, DROMADAIRE, KANGUROO, ZÈBRE.

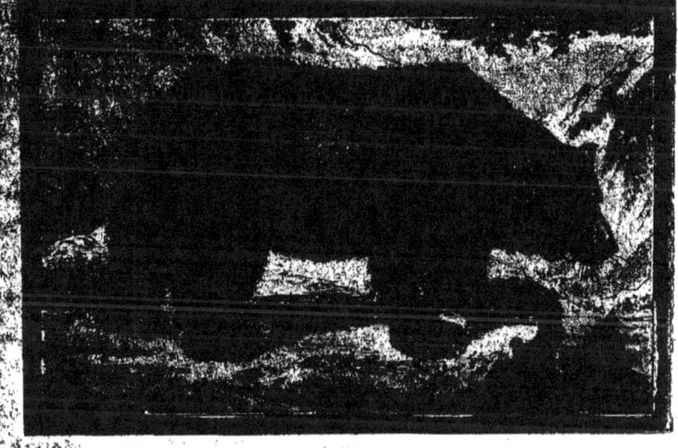

## PARIS.

LIBRAIRIE HACHETTE & Cie. BOULEVARD SAINT GERMAIN, No. 79.

# LE JARDIN
# DES PLANTES



L'OURS BRUN — L'ÉLÉPHANT — LE LÉOPARD — LE CHAMEAU OU DROMADAIRE
LE KANGUROU — LE ZÈBRE

PAR

## TH. LALLY

PARIS

**LIBRAIRIE HACHETTE ET C$^{IE}$**

79, BOULEVARD SAINT-GERMAIN, 79

1875

# L'OURS BRUN

L'ours brun habite encore aujourd'hui les principales chaînes de montagnes de l'Europe. Il y vit solitairement, dans les sombres forêts de sapins, au milieu des gorges profondes et au plus haut des montagnes. Il établit son domicile dans des cavernes, des fentes de rochers, souvent aussi dans les vastes troncs des vieux arbres. Quelquefois, lorsqu'il ne trouve point de gîte à sa fantaisie, il se construit avec des branches et de la mousse une espèce de cabane. En général il reste couché pendant la journée et ne sort que la nuit à la recherche de sa pâture.

Ne se nourrissant que de fruits, il est d'un naturel débonnaire et n'attaque l'homme que lorsqu'il est attaqué lui-même, ou tout au moins dérangé dans sa solitude.

Dès qu'il engage le combat, il se dresse sur ses deux pattes de derrière et s'avance ainsi debout à la rencontre de son adversaire, en grondant et en agitant ses grands bras. A-t-il réussi à saisir son ennemi, il l'enlace, l'étouffe dans une irrésistible étreinte et lui ouvre le front avec ses dents. Puis, lorsqu'il l'a

tué, il le laisse et s'en va sans le manger, car il ne goûte la chair humaine que lorsque toute autre nourriture lui fait défaut.

Quand on le prend jeune, on l'apprivoise facilement et il devient alors très-docile. Les pauvres habitants des pays de montagnes dressent ces animaux à leur servir de gagne-pain; ils leur apprennent à danser en tenant un bâton, et ils vont ainsi de village en village. C'est un spectacle amusant, que de voir cette grosse bête poilue se balancer lourdement au son du tambourin et danser le Grand Pas de l'Ours, ainsi que l'appellent pompeusement leurs conducteurs.

Mais c'est surtout dans nos Jardins des Plantes que l'ours a le plus de succès. Là, au contraire des autres animaux féroces qui sont toujours en cage, on le met dans une grande fosse au milieu de laquelle on a eu soin de planter un arbre mort.

Du fond de sa fosse, Martin (car les ours des Jardins des Plantes s'appellent toujours de ce nom), Martin attend impatiemment l'arrivée de ses jeunes amis qui viennent lui jeter des morceaux de pain, dont il est très-friand. Dès qu'il vous voit arriver, il s'asseoit et lève ses pattes en l'air en agitant bénignement la tête; c'est ce qu'il appelle faire le beau, et sitôt qu'on lui crie : «Martin, fais le beau, » il se met dans cette posture, mais aussi faut-il, pour le récompenser, lui jeter un morceau de pain.

Dans les grandes occasions, Martin, qui est paresseux, se décide à monter à l'arbre : alors c'est une grande joie pour ses jeunes amis, et il en est récompensé par une pluie de pains de seigle.

## L'ÉLÉPHANT

Quel énorme et magnifique animal que l'éléphant; il n'en est aucun autre qui puisse rivaliser pour la force et la taille avec lui; la mer seule avec ses baleines et ses requins a des bêtes plus monstrueuses.

Son corps épais et massif, couvert d'un cuir lisse et presque complétement dénué de poils, repose sur quatre jambes rondes, semblables à des colonnes. Deux grandes oreilles, toujours en mouvement, encadrent sa lourde tête carrée, qu'éclairent deux petits yeux, pétillants d'instinct; de sa bouche sortent deux longues dents recourbées, que l'on appelle défenses et qui nous fournissent l'ivoire, cette matière si belle et si précieuse.

Mais ce qui donne à l'éléphant un aspect étrange et permet de le distinguer au milieu de tous les animaux du globe, c'est sa trompe, sorte de prolongation de son nez, qui pend jusqu'à terre. Cette trompe, ronde et flexible, sert de bras à l'éléphant; elle est munie à l'extrémité d'un doigt mobile qui joue le rôle de

main. C'est avec ce bras puissant qu'il arrache l'herbe des champs et le feuillage des arbres, et qu'il les porte ensuite à sa bouche. De même pour boire, il remplit sa trompe d'eau et la vide dans sa bouche. Si l'éléphant était privé de sa trompe, il mourrait infailliblement de faim, car sa tête, emmanchée à un cou fort court, ne lui permet pas de paître l'herbe comme les autres animaux.

L'éléphant est surtout remarquable par sa douceur et son intelligence. Il obéit sans résistance à la voix de son maître, s'accroupit sur le sol pour lui permettre de monter sur son dos et se laisse guider aussi facilement qu'un cheval. Sa force si grande lui rend légers les plus lourds fardeaux; si vous allez au Jardin d'Acclimatation de Paris, vous y verrez deux éléphants chargés de transporter les visiteurs et qui emportent chacun, sur leur dos garni d'une sorte de banquette, huit ou dix enfants.

Mieux que le cheval et le chien, ces animaux si doux et si intelligents, l'éléphant comprend la justice, c'est-à-dire qu'il rend le bien pour le bien, et aussi le mal pour le mal. Il suffit de l'avoir caressé quelquefois, de lui avoir donné quelques friandises, pour qu'il vous reconnaisse et manifeste sa joie de vous voir; mais, si on le taquine ou l'ennuie, il sait attendre l'occasion de se venger.

On raconte qu'un éléphant employé dans les chantiers de la ville d'Atchin, dans l'île de Sumatra, avait l'habitude en passant dans les rues d'allonger sa trompe aux fenêtres des maisons,

comme pour  demander des fruits ou  des sucreries, et les habitants se faisaient un plaisir de lui en donner.

Un matin, il présenta l'extrémité de sa trompe à la fenêtre d'un
tailleur, lequel, au lieu de donner à l'éléphant ce qu'il désirait,
piqua sa trompe avec une aiguille.

L'animal parut supporter avec patience cette insulte. Il conti-
nua sa route, et se rendit tranquillement à la rivière où son
mahout le conduisait chaque matin pour le laver. Seulement il
remua le limon avec un de ses pieds de devant et aspira dans
sa trompe une grande quantité de cette eau fangeuse. Lorsqu'il
repassa dans la rue où se trouvait la boutique du tailleur, il
s'avança vers la fenêtre et y lança une trombe d'eau et de boue,
avec une force si prodigieuse que le coupable et ses ouvriers fu-
rent renversés de leur établi et frappés de terreur.

Une autre fois un éléphant de notre Jardin des Plantes aspergea
de la même façon un factionnaire qui voulait empêcher le pu-
blic de lui donner à manger.

## LE LÉOPARD

Le léopard se distingue du tigre par la disposition de sa robe,
qui au lieu d'être rayée est tachetée de cercles noirs.

Il est aussi moins grand que le tigre, mais il n'est ni moins féroce ni moins redoutable.

Il attaque tous les animaux et même l'homme lorsqu'il le surprend sans défense. Son agilité est vraiment prodigieuse; c'est ainsi qu'il franchit avec aisance un obstacle de dix mètres. Il peut aussi à l'aide de ses griffes grimper sur les arbres, mais seulement lorsque leur tronc est quelque peu incliné.

Pendant le jour, le léopard repose parmi les broussailles épaisses; ses yeux faits pour l'obscurité ne lui permettent pas, tant que le soleil brille, de distinguer nettement les objets, mais dès que la nuit est venue sa lucidité est parfaite.

Il se met alors à la recherche de sa proie et s'avance en rampant jusqu'auprès des parcs à bestiaux, où il s'introduit d'un seul bond, égorge un mouton ou une chèvre, et l'emporte avec lui en franchissant de nouveau l'enceinte du parc.

---

## LE CHAMEAU OU DROMADAIRE

A voir cet étrange animal avec son long cou d'oiseau, son énorme bosse et ses jambes grêles, on ne croirait pas que le chameau soit un des plus précieux animaux que l'homme ait asservis à son usage.

Buffon a pu dire cependant que l'or et la soie ne sont pas les vraies richesses de l'Orient et que le chameau est le trésor de l'Asie. En effet cet animal nourrit les habitants de ces pays de son lait et de sa chair; il les habille de son poil long et moelleux.

Sans lui ces peuples que séparent les uns des autres des océans de sable ne pourraient se rapprocher par le commerce. Aussi l'Arabe l'appelle-t-il dans son langage imagé le *Navire du désert*.

Le divin Créateur semble, du reste, avoir tout prévu pour permettre au chameau de vivre dans les lieux les plus arides. Ses pieds, fendus en deux doigts comme ceux de l'autruche, sont munis d'une semelle large, plate, élastique, qui lui permet de courir et de bondir sur les sables mouvants. Son double estomac, où il peut en quelque sorte emmagasiner la nourriture et l'eau, lui donne une sobriété telle qu'il reste aisément plusieurs jours sans manger autre chose que les épines du désert et sans boire aucun liquide.

Pour traverser les déserts avec l'aide de ces précieux animaux, les Arabes forment des caravanes. On désigne sous ce nom une troupe nombreuse d'hommes, de cavaliers et de chameaux. Les chameaux, chargés de marchandises à transporter, de l'eau pour toute la caravane et aussi des marchands, s'avancent en longue file à travers le désert, marchant d'un pas lent et mesuré qu'ils soutiennent ainsi pendant des heures sans prendre aucun repos. Lorsque l'on est arrivé au lieu où la caravane doit faire halte, sur

un signe de leurs conducteurs, ces bons animaux s'accroupissent
sur le sol; on leur ôte leur fardeau, et ils s'endorment paisiblement
après un maigre repas de quelques poignées de fèves. Au matin
ils se laissent charger de nouveau sans résistance et reprennent
courageusement leur marche.

Le chameau que représente notre gravure est le chameau à une
bosse, autrement dit le dromadaire. Beaucoup de personnes se
figurent qu'on ne doit l'appeler que dromadaire et que le vrai
chameau est l'animal de la même espèce qui a deux bosses. C'est
une erreur commune : le dromadaire est le véritable chameau,
celui que l'on rencontre à l'état domestique depuis le Sénégal
jusqu'en Chine; tandis que le chameau à deux bosses n'est
qu'une simple variété de l'espèce et ne se trouve que dans la
Perse et dans quelques cantons isolés de l'Asie centrale.


## LE KANGUROU


Lorsque les premiers Européens débarquèrent, il y a à peine une
centaine d'années, dans cette immense île de l'Océanie qu'on appelle
aujourd'hui l'Australie, ils trouvèrent les vastes plaines herbeuses

de cette contrée habitées par des animaux étranges, ne ressemblant à aucun de ceux que nous avons dans nos pays.

Ces animaux, que les sauvages appelaient kangurous, nom que la zoologie leur a conservé, méritaient bien en effet d'exciter l'étonnement. Grands comme un lévrier, avec une tête fine qui rappelle quelque peu celle de cette espèce de chien, ils ont les deux pattes de devant courtes, faibles, semblables à des bras, et les jambes de derrière au contraire tellement longues qu'il leur est presque impossible de se tenir debout; enfin leur queue, au lieu d'être, comme chez les autres animaux, une sorte d'appendice ornemental, est longue, épaisse et forte, et leur permet, soit debout, soit assis, de s'appuyer dessus comme sur une troisième jambe.

Lorsque les kangurous marchent paisiblement, ils posent sur le sol leurs bras et soulèvent le reste du corps avec leurs jambes pliées en avant et leur queue. Veulent-ils courir, au contraire, ils se redressent et bondissent, avec une vélocité extraordinaire, en se servant seulement de leurs jambes de derrière et de leur queue.

Leurs pattes de devant méritent bien le nom de bras, car ils s'en servent comme l'écureuil pour porter à leur bouche les fruits qui, avec l'herbe qu'ils broutent, constituent leur seule nourriture.

Ces animaux ne sont plus rares aujourd'hui en Europe; on en voit dans tous nos Jardins des Plantes, et ils paraissent s'accommoder fort bien de notre climat.

Peut-être réussira-t-on un jour à les acclimater et on les verra

animer nos forêts de leurs bonds réjouissants. Leur chair est du
reste, à ce que l'on dit, un manger délicat.

<hr>

## LE ZÈBRE

Si l'utilité d'un animal devait se juger à sa beauté, le zèbre serait un des animaux les plus utiles, car le Créateur paraît l'avoir
comblé de tous ses dons.

A la force et à l'élégance, il joint une telle magnificence de
parure, que celui qui le contemple pour la première fois se refuse
à y voir l'œuvre simple de la nature et croit y trouver la fantaisie
d'un artiste.

Et quel artiste, mieux que notre Maître céleste, aurait pu disposer
plus élégamment ces bandes tour à tour de nuances vives ou tendres
qui recouvrent la croupe du zèbre, s'enroulent autour de son cou
et de ses pattes et viennent se croiser sur son front?

Quelle impétuosité, quel feu dans ce brillant animal; voyez-le
bondir à travers la plaine, aspirant de tous ses naseaux ce bon air
de liberté et d'indépendance absolue dont il est si épris.

Quel malheur que ce gracieux cheval décore les immenses plaines
de l'Afrique, au lieu de s'être trouvé dans les campagnes de notre

belle France. Il y a longtemps que l'homme le compterait parmi ses conquêtes et qu'il l'aurait attelé à son char.

Ne croyez-vous pas qu'il serait joli de voir passer un beau petit panier, ou un léger coupé, attelé de deux charmants zèbres, tout étincelants de leurs vives couleurs.

Pendant des siècles, les Nègres sauvages de l'Afrique ont regardé avec stupeur ce bel animal, qu'ils appellent le *Soleil courant*, mais ils n'ont jamais essayé sa conquête, et ils ont laissé ses troupeaux errer inutiles et destructifs dans leurs plaines.

Mais aujourd'hui les Européens sont arrivés dans ces pays ; ils ont entrepris de les civiliser, et tandis que le pauvre Nègre apprendra à connaître le nom de son Créateur et à apprécier les bontés de sa Providence, il faudra bien que le zèbre se plie au rôle pour lequel il a reçu la force et la beauté, c'est-à-dire celui d'être aussi utile que beau.

Aussi sa domestication est dès aujourd'hui commencée, et déjà dans plusieurs Jardins des Plantes, entre autres au Jardin d'Acclimatation de Paris, on voit des zèbres traînant des voitures tout comme le font les honnêtes ânes et les bons chevaux.

PARIS. — IMPRIMERIE DE E. MARTINET, RUE MIGNON, 2.